V. 955.
A.12.0.

6866.

TABLES

PRÉSENTANT AU PREMIER COUP-D'OEIL:

1.º LES NOMBRES

SERVANT A CALCULER LES INTÉRÊTS DES COMPTES COURANS DES COMMUNES
ET ÉTABLISSEMENS PUBLICS;

2.º LE CALCUL DE CES INTÉRÊTS.

PARIS,

IMPRIMERIE D'ADRIEN MOËSSARD,
RUE DE FURSTEMBERG, N.º 8, ABBAYE SAINT-GERMAIN-DES-PRÉS.

1827.

AVERTISSEMENT.

MM. les Receveurs des finances devant fournir, à la fin de chaque année, le *décompte des intérêts* revenant aux communes et aux établissemens publics, sur les fonds placés par eux au Trésor, et, *vice versâ*, sur les sommes qui leur sont remboursées, il résulte de l'établissement de ces décomptes un travail considérable.

La nécessité d'abréger ce travail autant que possible a fait naître l'idée de présenter à MM. les Receveurs un Recueil, où ils pourront trouver en un instant tous les élémens constitutifs de ces décomptes d'intérêts.

Ce Recueil contient deux tables, précédées d'un tableau servant de répertoire et présentant le *nombre de jours* pour lequel l'intérêt est dû, à partir du cinquième jour de la dizaine dans laquelle le placement ou le remboursement est effectué.

La première table (pages 3 à 38) présente les *nombres* résultant de la multiplication des sommes placées ou remboursées, par le nombre de jours.

La seconde (pages 42 et 43) présente les *intérêts* à 3 1/2 o/o, 1/2 o/o, 4 o/o, extraits des nombres.

EXEMPLE :

La commune N..... place, le 17 mars, une somme de 200 francs ; l'intérêt doit en être pris du 15 mars, cinquième jour de la dizaine.

Le *tableau-répertoire* d'autre part indique, pour le 15 mars, 291 jours, et renvoye, pour les nombres calculés sur cette base, à la page 10 de la première table.

A cette page 10 on trouve : 200 francs donnent 582 *nombres*.

Enfin la seconde table (pages 42 et 43) donne pour intérêt, extrait de 582, ou 500 et 82 *nombres*, à 3 1/2 o/o, 5 f. 58 c. 8/100" ; à 1/2 o/o, 0,79 c. 72/100" ; à 4 o/o, 6 f. 37 c. 80/100".

Au moyen de ce Recueil, le travail si long et si fastidieux du calcul des intérêts se réduit à la simple inspection d'une espèce de barême.

Pour compléter cette explication, il suffit d'ajouter les deux observations suivantes :

1.° Les fractions de *nombre* étant calculées en centièmes, le *nombre* devra être augmenté d'une unité chaque fois que la fraction dépassera 49/100°.

2.° Dans les années bissextiles, il faudra, pour les 5, 15, 25 janvier, et 5, 15, 25 février, ajouter un jour à ceux désignés dans le *tableau-répertoire* ; mais cette addition n'ôtera rien aux avantages de ce Recueil, car la page 39 offre le calcul des nombres pour un jour.

Ainsi, voulant établir le décompte pour une somme de 200 francs, placée le 5 janvier d'une année bissextile, on trouve :

Du 5 janvier, 360 jours donnent   720 *nombres*.

Plus, page 39, 1 jour. . . . . .   2 *nombres*.

       Ensemble. . . . .   722 *nombres*.

dont on extrait l'intérêt comme à l'ordinaire.

TABLEAU-RÉPERTOIRE.

PREMIÈRE TABLE.

CALCUL

DES NOMBRES.

5 JANVIER.   360 jours.

SOMMES. f.	NOMBRES. n.	c.	SOMMES. f.	NOMBRES. n.	c.	SOMMES. f.	NOMBRES. n.	c.
1	3	60	45	162	»	89	320	40
2	7	20	46	165	60	90	324	»
3	10	80	47	169	20	91	327	60
4	14	40	48	172	80	92	331	20
5	18	»	49	176	40	93	334	80
6	21	60	50	180	»	94	338	40
7	25	20	51	183	60	95	342	»
8	28	80	52	187	20	96	345	60
9	32	40	53	190	80	97	349	20
10	36	»	54	194	40	98	352	80
11	39	60	55	198	»	99	356	40
12	43	20	56	201	60	100	360	»
13	46	80	57	205	20	200	720	»
14	50	40	58	208	80	300	1,080	»
15	54	»	59	212	40	400	1,440	»
16	57	60	60	216	»	500	1,800	»
17	61	20	61	219	60	600	2,160	»
18	64	80	62	223	20	700	2,520	»
19	68	40	63	226	80	800	2,880	»
20	72	»	64	230	40	900	3,240	»
21	75	60	65	234	»	1,000	3,600	»
22	79	20	66	237	60	2,000	7,200	»
23	82	80	67	241	20	3,000	10,800	»
24	86	40	68	244	80	4,000	14,400	»
25	90	»	69	248	40	5,000	18,000	»
26	93	60	70	252	»	6,000	21,600	»
27	97	20	71	255	60	7,000	25,200	»
28	100	80	72	259	20	8,000	28,800	»
29	104	40	73	262	80	9,000	32,400	»
30	108	»	74	266	40	10,000	36,000	»
31	111	60	75	270	»	20,000	72,000	»
32	115	20	76	273	60	30,000	108,000	»
33	118	80	77	277	20	40,000	144,000	»
34	122	40	78	280	80	50,000	180,000	»
35	126	»	79	284	40	60,000	216,000	»
36	129	60	80	288	»	70,000	252,000	»
37	133	20	81	291	60	80,000	288,000	»
38	136	80	82	295	20	100,000	360,000	»
39	140	40	83	298	80			
40	144	»	84	302	40			
41	147	60	85	306	»			
42	151	20	86	309	60			
43	154	80	87	313	20			
44	158	40	88	316	80			

15 JANVIER.　　　　350 jours.

SOMMES. f.	NOMBRES. n.	c.
1	3	50
2	7	»
3	10	50
4	14	»
5	17	50
6	21	»
7	24	50
8	28	»
9	31	50
10	35	»
11	38	50
12	42	»
13	45	50
14	49	»
15	52	50
16	56	»
17	59	50
18	63	»
19	66	50
20	70	»
21	73	50
22	77	»
23	80	50
24	84	»
25	87	50
26	91	»
27	94	50
28	98	»
29	101	50
30	105	»
31	108	50
32	112	»
33	115	50
34	119	»
35	122	50
36	126	»
37	129	50
38	133	»
39	136	50
40	140	»
41	143	50
42	147	»
43	150	50
44	154	»

SOMMES. f.	NOMBRES. n.	c.
45	157	50
46	161	»
47	164	50
48	168	»
49	171	50
50	175	»
51	178	50
52	182	»
53	185	50
54	189	»
55	192	50
56	196	»
57	199	50
58	203	»
59	206	50
60	210	»
61	213	50
62	217	»
63	220	50
64	224	»
65	227	50
66	231	»
67	234	50
68	238	»
69	241	50
70	245	»
71	248	50
72	252	»
73	255	50
74	259	»
75	262	50
76	266	»
77	269	50
78	273	»
79	276	50
80	280	»
81	283	50
82	287	»
83	290	50
84	294	»
85	297	50
86	301	»
87	304	50
88	308	»

SOMMES. f.	NOMBRES. n.	c.
89	311	50
90	315	»
91	318	50
92	322	»
93	325	50
94	329	»
95	332	50
96	336	»
97	339	50
98	343	»
99	346	50
100	350	»
200	700	»
300	1,050	»
400	1,400	»
500	1,750	»
600	2,100	»
700	2,450	»
800	2,800	»
900	3,150	»
1,000	3,500	»
2,000	7,000	»
3,000	10,500	»
4,000	14,000	»
5,000	17,500	»
6,000	21,000	»
7,000	24,500	»
8,000	28,000	»
9,000	31,500	»
10,000	35,000	»

25 Janvier. 340 jours.

SOMMES.	NOMBRES.		SOMMES.	NOMBRES.		SOMMES.	NOMBRES.	
f.	n.	c.	f.	n.	c.	f.	n.	c.
1	3	40	45	153	»	89	302	60
2	6	80	46	156	40	90	306	»
3	10	20	47	159	80	91	309	40
4	13	60	48	163	20	92	312	80
5	17	»	49	166	60	93	316	20
6	20	40	50	170	»	94	319	60
7	23	80	51	173	40	95	323	»
8	27	20	52	176	80	96	326	40
9	30	60	53	180	20	97	329	80
10	34	»	54	183	60	98	333	20
11	37	40	55	187	»	99	336	60
12	40	80	56	190	40	100	340	»
13	44	20	57	193	80	200	680	»
14	47	60	58	197	20	300	1,020	»
15	51	»	59	200	60	400	1,360	»
16	54	40	60	204	»	500	1,700	»
17	57	80	61	207	40	600	2,040	»
18	61	20	62	210	80	700	2,380	»
19	64	60	63	214	20	800	2,720	»
20	68	»	64	217	60	900	3,060	»
21	71	40	65	221	»	1,000	3,400	»
22	74	80	66	224	40	2,000	6,800	»
23	78	20	67	227	80	3,000	10,200	»
24	81	60	68	231	20	4,000	13,600	»
25	85	»	69	234	60	5,000	17,000	»
26	88	40	70	238	»	6,000	20,400	»
27	91	80	71	241	40	7,000	23,800	»
28	95	20	72	244	80	8,000	27,200	»
29	98	60	73	248	20	9,000	30,600	»
30	102	»	74	251	60	10,000	34,000	»
31	105	40	75	255	»			
32	108	80	76	258	40			
33	112	20	77	261	80			
34	115	60	78	265	20			
35	119	»	79	268	60			
36	122	40	80	272	»			
37	125	80	81	275	40			
38	129	20	82	278	80			
39	132	60	83	282	20			
40	136	»	84	285	60			
41	139	40	85	289	»			
42	142	80	86	292	40			
43	146	20	87	295	80			
44	149	60	88	299	20			

5 Février.   329 jours.

SOMMES.	NOMBRES.		SOMMES.	NOMBRES.		SOMMES.	NOMBRES.	
f.	n.	c.	f.	n.	c.	f.	n.	c.
1	3	29	45	148	05	89	292	81
2	6	58	46	151	34	90	296	10
3	9	87	47	154	63	91	299	39
4	13	16	48	157	92	92	302	68
5	16	45	49	161	21	93	305	97
6	19	74	50	164	50	94	309	26
7	23	03	51	167	79	95	312	55
8	26	32	52	171	08	96	315	84
9	29	61	53	174	37	97	319	13
10	32	90	54	177	66	98	322	42
11	36	19	55	180	95	99	325	71
12	39	48	56	184	24	100	329	»
13	42	77	57	187	53	200	658	»
14	46	06	58	190	82	300	987	»
15	49	35	59	194	11	400	1,316	»
16	52	64	60	197	40	500	1,645	»
17	55	93	61	200	69	600	1,974	»
18	59	22	62	203	98	700	2,303	»
19	62	51	63	207	27	800	2,632	»
20	65	80	64	210	56	900	2,961	»
21	69	09	65	213	85	1,000	3,290	»
22	72	38	66	217	14	2,000	6,580	»
23	75	67	67	220	43	3,000	9,870	»
24	78	96	68	223	72	4,000	13,160	»
25	82	25	69	227	01	5,000	16,450	»
26	85	54	70	230	30	6,000	19,740	»
27	88	83	71	233	59	7,000	23,030	»
28	92	12	72	236	88	8,000	26,320	»
29	95	41	73	240	17	9,000	29,610	»
30	98	70	74	243	46	10,000	32,900	»
31	101	99	75	246	75			
32	105	28	76	250	04			
33	108	57	77	253	33			
34	111	86	78	256	62			
35	115	15	79	259	91			
36	118	44	80	263	20			
37	121	73	81	266	49			
38	125	02	82	269	78			
39	128	31	83	273	07			
40	131	60	84	276	36			
41	134	89	85	279	65			
42	138	18	86	282	94			
43	141	47	87	286	23			
44	144	76	88	289	52			

15 FÉVRIER.   319 Jours.

SOMMES.	NOMBRES.		SOMMES.	NOMBRES.		SOMMES.	NOMBRES.	
f.	n.	c.	f.	n.	c.	f.	n.	c.
1	3	19	45	143	55	89	285	91
2	6	38	46	146	74	90	287	10
3	9	57	47	149	93	91	290	29
4	12	76	48	153	12	92	293	48
5	15	95	49	156	31	93	296	67
6	19	14	50	159	50	94	299	86
7	22	33	51	162	69	95	303	05
8	25	52	52	165	88	96	306	24
9	28	71	53	169	07	97	309	43
10	31	90	54	172	26	98	312	62
11	35	09	55	175	45	99	315	81
12	38	28	56	178	64	100	319	»
13	41	47	57	181	83	200	638	»
14	44	66	58	185	02	300	957	»
15	47	85	59	188	21	400	1,276	»
16	51	04	60	191	40	500	1,595	»
17	54	23	61	194	59	600	1,914	»
18	57	42	62	197	78	700	2,233	»
19	60	61	63	200	97	800	2,552	»
20	63	80	64	204	16	900	2,871	»
21	66	99	65	207	35	1,000	3,190	»
22	70	18	66	210	54	2,000	6,380	»
23	73	37	67	213	73	3,000	9,570	»
24	76	56	68	216	92	4,000	12,760	»
25	79	75	69	220	11	5,000	15,950	»
26	82	94	70	223	30	6,000	19,140	»
27	86	13	71	226	49	7,000	22,330	»
28	89	32	72	229	68	8,000	25,520	»
29	92	51	73	232	87	9,000	28,710	»
30	95	70	74	236	06	10,000	31,900	»
31	98	89	75	239	25			
32	102	08	76	242	44			
33	105	27	77	245	63			
34	108	46	78	248	82			
35	111	65	79	252	01			
36	114	84	80	255	20			
37	118	03	81	258	39			
38	121	22	82	261	58			
39	124	41	83	264	77			
40	127	60	84	267	96			
41	130	79	85	271	15			
42	133	98	86	274	34			
43	137	17	87	277	53			
44	140	36	88	280	72			

25 Février.   309 Jours.

SOMMES.	NOMBRES.		SOMMES.	NOMBRES.		SOMMES.	NOMBRES.	
f.	n.	c.	f.	n.	c.	f.	n.	c.
1	3	09	45	139	05	89	275	01
2	6	18	46	142	14	90	278	10
3	9	27	47	145	23	91	281	19
4	12	36	48	148	32	92	284	28
5	15	45	49	151	41	93	287	37
6	18	54	50	154	50	94	290	46
7	21	63	51	157	59	95	293	55
8	24	72	52	160	68	96	296	64
9	27	81	53	163	77	97	299	73
10	30	90	54	166	86	98	302	82
11	33	99	55	169	95	99	305	91
12	37	08	56	173	04	100	309	»
13	40	17	57	176	13	200	618	»
14	43	26	58	179	22	300	927	»
15	46	35	59	182	31	400	1,236	»
16	49	44	60	185	40	500	1,545	»
17	52	53	61	188	49	600	1,854	»
18	55	62	62	191	58	700	2,163	»
19	58	71	63	194	67	800	2,472	»
20	61	80	64	197	76	900	2,781	»
21	64	89	65	200	85	1,000	3,090	»
22	67	98	66	203	94	2,000	6,180	»
23	71	07	67	207	03	3,000	9,270	»
24	74	16	68	210	12	4,000	12,360	»
25	77	25	69	213	21	5,000	15,450	»
26	80	34	70	216	30	6,000	18,540	»
27	83	43	71	219	39	7,000	21,630	»
28	86	52	72	222	48	8,000	24,720	»
29	89	61	73	225	57	9,000	27,810	»
30	92	70	74	228	66	10,000	30,900	»
31	95	79	75	231	75			
32	98	88	76	234	84			
33	101	97	77	237	93			
34	105	06	78	241	02			
35	108	15	79	244	11			
36	111	24	80	247	20			
37	114	33	81	250	29			
38	117	42	82	253	38			
39	120	51	83	256	47			
40	123	60	84	259	56			
41	126	69	85	262	65			
42	129	78	86	265	74			
43	132	87	87	268	83			
44	135	96	88	271	92			

5 MARS.   301 jours.

SOMMES.	NOMBRES.		SOMMES.	NOMBRES.		SOMMES.	NOMBRES.	
f.	n.	c.	f.	n.	c.	f.	n.	c.
1	3	01	45	135	45	89	267	89
2	6	02	46	138	46	90	270	90
3	9	03	47	141	47	91	273	91
4	12	04	48	144	48	92	276	92
5	15	05	49	147	49	93	279	93
6	18	06	50	150	50	94	282	94
7	21	07	51	153	51	95	285	95
8	24	08	52	156	52	96	288	96
9	27	09	53	159	53	97	291	97
10	30	10	54	162	54	98	294	98
11	33	11	55	165	55	99	297	99
12	36	12	56	168	56	100	301	»
13	39	13	57	171	57	200	602	»
14	42	14	58	174	58	300	903	»
15	45	15	59	177	59	400	1,204	»
16	48	16	60	180	60	500	1,505	»
17	51	17	61	183	61	600	1,806	»
18	54	18	62	186	62	700	2,107	»
19	57	19	63	189	63	800	2,408	»
20	60	20	64	192	64	900	2,709	»
21	63	21	65	195	65	1,000	3,010	»
22	66	22	66	198	66	2,000	6,020	»
23	69	23	67	201	67	3,000	9,030	»
24	72	24	68	204	68	4,000	12,040	»
25	75	25	69	207	69	5,000	15,050	»
26	78	26	70	210	70	6,000	18,060	»
27	81	27	71	213	71	7,000	21,070	»
28	84	28	72	216	72	8,000	24,080	»
29	87	29	73	219	73	9,000	27,090	»
30	90	30	74	222	74	10,000	30,100	»
31	93	31	75	225	75			
32	96	32	76	228	76			
33	99	33	77	231	77			
34	102	34	78	234	78			
35	105	35	79	237	79			
36	108	36	80	240	80			
37	111	37	81	243	81			
38	114	38	82	246	82			
39	117	39	83	249	83			
40	120	40	84	252	84			
41	123	41	85	255	85			
42	126	42	86	258	86			
43	129	43	87	261	87			
44	132	44	88	264	88			

15 Mars.   291 jours.

SOMMES.	NOMBRES.		SOMMES.	NOMBRES.		SOMMES.	NOMBRES.	
f.	n.	c.	f.	n.	c.	f.	n.	c.
1	2	91	45	130	95	89	258	99
2	5	82	46	133	86	90	261	90
3	8	73	47	136	77	91	264	81
4	11	64	48	139	68	92	267	72
5	14	55	49	142	59	93	270	63
6	17	46	50	145	50	94	273	54
7	20	37	51	148	41	95	276	45
8	23	28	52	151	32	96	279	36
9	26	19	53	154	23	97	282	27
10	29	10	54	157	14	98	285	18
11	32	01	55	160	05	99	288	09
12	34	92	56	162	96	100	291	»
13	37	83	57	165	87	200	582	»
14	40	74	58	168	78	300	873	»
15	43	65	59	171	69	400	1,164	»
16	46	56	60	174	60	500	1,455	»
17	49	47	61	177	51	600	1,746	»
18	52	38	62	180	42	700	2,037	»
19	55	29	63	183	33	800	2,328	»
20	58	20	64	186	24	900	2,619	»
21	61	11	65	189	15	1,000	2,910	»
22	64	02	66	192	06	2,000	5,820	»
23	66	93	67	194	97	3,000	8,730	»
24	69	84	68	197	88	4,000	11,640	»
25	72	75	69	200	79	5,000	14,550	»
26	75	66	70	203	70	6,000	17,460	»
27	78	57	71	206	61	7,000	20,370	»
28	81	48	72	209	52	8,000	23,280	»
29	84	39	73	212	43	9,000	26,190	»
30	87	30	74	215	34	10,000	29,100	»
31	90	21	75	218	25			
32	93	12	76	221	16			
33	96	03	77	224	07			
34	98	94	78	226	98			
35	101	85	79	229	89			
36	104	76	80	232	80			
37	107	67	81	235	71			
38	110	58	82	238	62			
39	113	49	83	241	53			
40	116	40	84	244	44			
41	119	31	85	247	35			
42	122	22	86	250	26			
43	125	13	87	253	17			
44	128	04	88	256	08			

25 Mars.   281 jours.

SOMMES.	NOMBRES.		SOMMES.	NOMBRES.		SOMMES.	NOMBRES.	
f	n.	c	f.	n.	c.	f.	n.	c.
1	2	81	45	126	45	89	250	09
2	5	62	46	129	26	90	252	90
3	8	43	47	132	07	91	255	71
4	11	24	48	134	88	92	258	52
5	14	05	49	137	69	93	261	33
6	16	86	50	140	50	94	264	14
7	19	67	51	143	31	95	266	95
8	22	48	52	146	12	96	269	76
9	25	29	53	148	93	97	272	57
10	28	10	54	151	74	98	275	38
11	30	91	55	154	55	99	278	19
12	33	72	56	157	36	100	281	»
13	36	53	57	160	17	200	562	»
14	39	34	58	162	98	300	843	»
15	42	15	59	165	79	400	1,124	»
16	44	96	60	168	60	500	1,405	»
17	47	77	61	171	41	600	1,686	»
18	50	58	62	174	22	700	1,967	»
19	53	39	63	177	03	800	2,248	»
20	56	20	64	179	84	900	2,529	»
21	59	01	65	182	65	1,000	2,810	»
22	61	82	66	185	46	2,000	5,620	»
23	64	63	67	188	27	3,000	8,430	»
24	67	44	68	191	08	4,000	11,240	»
25	70	25	69	193	89	5,000	14,050	»
26	73	06	70	196	70	6,000	16,860	»
27	75	87	71	199	51	7,000	19,670	»
28	78	68	72	202	32	8,000	22,480	»
29	81	49	73	205	13	9,000	25,290	»
30	84	30	74	207	94	10,000	28,100	»
31	87	11	75	210	75	20,000	56,200	»
32	89	92	76	213	56	30,000	84,300	»
33	92	73	77	216	37			
34	95	54	78	219	18			
35	98	35	79	221	99			
36	101	16	80	224	80			
37	103	97	81	227	61			
38	106	78	82	230	42			
39	108	59	83	233	23			
40	112	40	84	236	04			
41	115	21	85	238	85			
42	118	02	86	241	66			
43	120	83	87	244	47			
44	123	64	88	247	28			

5 AVRIL.   270 jours.

SOMMES.	NOMBRES.		SOMMES.	NOMBRES.		SOMMES.	NOMBRES.	
f.	n.	c.	f.	n.	c.	f.	n.	c.
1	2	70	45	121	50	89	240	30
2	5	40	46	124	20	90	243	»
3	8	10	47	126	90	91	245	70
4	10	80	48	129	60	92	248	40
5	13	50	49	132	30	93	251	10
6	16	20	50	135	»	94	253	80
7	18	90	51	137	70	95	256	50
8	21	60	52	140	40	96	259	20
9	24	30	53	143	10	97	261	90
10	27	»	54	145	80	98	264	60
11	29	70	55	148	50	99	267	30
12	32	40	56	151	20	100	270	»
13	35	10	57	153	90	200	540	»
14	37	80	58	156	60	300	810	»
15	40	50	59	159	30	400	1,080	»
16	43	20	60	162	»	500	1,350	»
17	45	90	61	164	70	600	1,620	»
18	48	60	62	167	40	700	1,890	»
19	51	30	63	170	10	800	2,160	»
20	54	»	64	172	80	900	2,430	»
21	56	70	65	175	50	1,000	2,700	»
22	59	40	66	178	20	2,000	5,400	»
23	62	10	67	180	90	3,000	8,100	»
24	64	80	68	183	60	4,000	10,800	»
25	67	50	69	186	30	5,000	13,500	»
26	70	20	70	189	»	6,000	16,200	»
27	72	90	71	191	70	7,000	18,900	»
28	75	60	72	194	40	8,000	21,600	»
29	78	30	73	197	10	9,000	24,300	»
30	81	»	74	199	80	10,000	27,000	»
31	83	70	75	202	50			
32	86	40	76	205	20			
33	89	10	77	207	90			
34	91	80	78	210	60			
35	94	50	79	213	30			
36	97	20	80	216	»			
37	99	90	81	218	70			
38	102	60	82	221	40			
39	105	30	83	224	10			
40	108	»	84	226	80			
41	110	70	85	229	50			
42	113	40	86	232	20			
43	116	10	87	234	90			
44	118	80	88	237	60			

15 Avril.   260 jours.

SOMMES.	NOMBRES.		SOMMES.	NOMBRES.		SOMMES.	NOMBRES.	
f.	n.	c.	f.	n.	c.	f.	n.	c.
1	2	60	45	117	»	89	231	40
2	5	20	46	119	60	90	234	»
3	7	80	47	122	20	91	236	60
4	10	40	48	124	80	92	239	20
5	13	»	49	127	40	93	241	80
6	15	60	50	130	»	94	244	40
7	18	20	51	132	60	95	247	»
8	20	80	52	135	20	96	249	60
9	23	40	53	137	80	97	252	20
10	26	»	54	140	40	98	254	80
11	28	60	55	143	»	99	257	40
12	31	20	56	145	60	100	260	»
13	33	80	57	148	20	200	520	»
14	36	40	58	150	80	300	780	»
15	39	»	59	153	40	400	1,040	»
16	41	60	60	156	»	500	1,300	»
17	44	20	61	158	60	600	1,560	»
18	46	80	62	161	20	700	1,820	»
19	49	40	63	163	80	800	2,080	»
20	52	»	64	166	40	900	2,340	»
21	54	60	65	169	»	1,000	2,600	»
22	57	20	66	171	60	2,000	5,200	»
23	59	80	67	174	20	3,000	7,800	»
24	62	40	68	176	80	4,000	10,400	»
25	65	»	69	179	40	5,000	13,000	»
26	67	60	70	182	»	6,000	15,600	»
27	70	20	71	184	60	7,000	18,200	»
28	72	80	72	187	20	8,000	20,800	»
29	75	40	73	189	80	9,000	23,400	»
30	78	»	74	192	40	10,000	26,000	»
31	80	60	75	195	»			
32	83	20	76	197	60			
33	85	80	77	200	20			
34	88	40	78	202	80			
35	91	»	79	205	40			
36	93	60	80	208	»			
37	96	20	81	210	60			
38	98	80	82	213	20			
39	101	40	83	215	80			
40	104	»	84	218	40			
41	106	60	85	221	»			
42	109	20	86	223	60			
43	111	80	87	226	20			
44	114	40	88	228	80			

25. AVRIL.   250 jours.

SOMMES.	NOMBRES.		SOMMES.	NOMBRES.		SOMMES.	NOMBRES.	
f.	n.	c.	f.	n.	c.	f.	v.	c.
1	2	5o	45	112	5o	89	222	5o
2	5	»	46	115	»	90	225	»
3	7	5o	47	117	5o	91	227	5o
4	10	»	48	120	»	92	23o	»
5	12	5o	49	122	5o	93	232	5o
6	15	»	5o	125	»	94	235	»
7	17	5o	51	127	5o	95	237	5o
8	20	»	52	13o	»	96	240	»
9	22	5o	53	132	5o	97	242	5o
10	25	»	54	135	»	98	245	»
11	27	5o	55	137	5o	99	247	5o
12	3o	»	56	140	»	100	250	»
13	32	5o	57	142	5o	200	5oo	»
14	35	»	58	145	».	3oo	75o	»
15	37	5o	59	147	5o	400	1,000	»
16	4o	»	6o	15o	»	5oo	1,25o	»
17	42	5o	61	152	5o	6oo	1,5oo	»
18	45	»	62	155	»	7oo	1,75o	»
19	47	5o	63	157	5o	8oo	2,000	»
20	5o	»	64	16o	»	9oo	2,25o	»
21	52	5o	65	162	5o	1,000	2,5oo	»
22	55	»	66	165	»	2,000	5,000	»
23	57	5o	67	167	5o	3,000	7,5oo	»
24	60	»	68	170	»	4,000	10,000	»
25	62	5o	69	172	5o	5,000	12,5oo	»
26	65	»	7o	175	»	6,000	15,000	»
27	67	5o	71	177	5o	7,000	17,5oo	»
28	70	»	72	180	»	8,000	20,000	»
29	72	5o	73	182	5p	9,000	22,5oo	»
3o	75	».	74	185	»	10,000	25,000	»
31	77	5o	75	187	5o			
32	80	»	76	190	»			
33	82	5o	77	192	5o.			
34	85	»	78	195	»			
35	87	5o	79	197	5o			
36	90	»	80	200	»			
37	92	5o	81	202	5o			
38	95	»	82	205	»			
39	97	5o	83	207	5o			
4o	100	»	84	210	»			
41	102	5o	85	212	5o			
42	105	»	86	215	»			
43	107	5o	87	217	5o			
44	110	»	88	220	»			

5 MAI. 240 jours.

SOMMES.	NOMBRES.		SOMMES.	NOMBRES.		SOMMES.	NOMBRES.	
f.	n.	c.	f.	n.	c.	f.	n.	c.
1	2	40	45	108	»	89	213	60
2	4	80	46	110	40	90	216	»
3	7	20	47	112	80	91	218	40
4	9	60	48	115	20	92	220	80
5	12	»	49	117	60	93	223	20
6	14	40	50	120	»	94	225	60
7	16	80	51	122	40	95	228	»
8	19	20	52	124	80	96	230	40
9	21	60	53	127	20	97	232	80
10	24	»	54	129	60	98	235	20
11	26	40	55	132	»	99	237	60
12	28	80	56	134	40	100	240	»
13	31	20	57	136	80	200	480	»
14	33	60	58	139	20	300	720	»
15	36	»	59	141	60	400	960	»
16	38	40	60	144	»	500	1,200	»
17	40	80	61	146	40	600	1,440	»
18	43	20	62	148	80	700	1,680	»
19	45	60	63	151	20	800	1,920	»
20	48	»	64	153	60	900	2,160	»
21	50	40	65	156	»	1,000	2,400	»
22	52	80	66	158	40	2,000	4,800	»
23	55	20	67	160	80	3,000	7,200	»
24	57	60	68	163	20	4,000	9,600	»
25	60	»	69	165	60	5,000	12,000	»
26	62	40	70	168	»	6,000	14,400	»
27	64	80	71	170	40	7,000	16,800	»
28	67	20	72	172	80	8,000	19,200	»
29	69	60	73	175	20	9,000	21,600	»
30	72	»	74	177	60	10,000	24,000	»
31	74	40	75	180	»			
32	76	80	76	182	40			
33	79	20	77	184	80			
34	81	60	78	187	20			
35	84	»	79	189	60			
36	86	40	80	192	»			
37	88	80	81	194	40			
38	91	20	82	196	80			
39	93	60	83	199	20			
40	96	»	84	201	60			
41	98	40	85	204	»			
42	100	80	86	206	40			
43	103	20	87	208	80			
44	105	60	88	211	20			

15 MAI.   230 jours.

SOMMES.	NOMBRES.		SOMMES.	NOMBRES.		SOMMES.	NOMBRES.	
f.	n.	c.	f.	n.	c.	f.	n.	c.
1	2	30	45	103	50	89	204	70
2	4	60	46	105	80	90	207	»
3	6	90	47	108	10	91	209	30
4	9	20	48	110	40	92	211	60
5	11	50	49	112	70	93	213	90
6	13	80	50	115	»	94	216	20
7	16	10	51	117	30	95	218	50
8	18	40	52	119	60	96	220	80
9	20	70	53	121	90	97	223	10
10	23	»	54	124	20	98	225	40
11	25	30	55	126	50	99	227	70
12	27	60	56	128	80	100	230	»
13	29	90	57	131	10	200	460	»
14	32	20	58	133	40	300	690	»
15	34	50	59	135	70	400	920	»
16	36	80	60	138	»	500	1,150	»
17	39	10	61	140	30	600	1,380	»
18	41	40	62	142	60	700	1,610	»
19	43	70	63	144	90	800	1,840	»
20	46	»	64	147	20	900	2,070	»
21	48	30	65	149	50	1,000	2,300	»
22	50	60	66	151	80	2,000	4,600	»
23	52	90	67	154	10	3,000	6,900	»
24	55	20	68	156	40	4,000	9,200	»
25	57	50	69	158	70	5,000	11,500	»
26	59	80	70	161	»	6,000	13,800	»
27	62	10	71	163	30	7,000	16,100	»
28	64	40	72	165	60	8,000	18,400	»
29	66	70	73	167	90	9,000	20,700	»
30	69	»	74	170	20	10,000	23,000	»
31	71	30	75	172	50			
32	73	60	76	174	80			
33	75	90	77	177	10			
34	78	20	78	179	40			
35	80	50	79	181	70			
36	82	80	80	184	»			
37	85	10	81	186	30			
38	87	40	82	188	60			
39	89	70	83	190	90			
40	92	»	84	193	20			
41	94	30	85	195	50			
42	96	60	86	197	80			
43	98	90	87	200	10			
44	101	20	88	202	40			

25 MAI.　　　　220 jours.

SOMMES.	NOMBRES.		SOMMES.	NOMBRES.		SOMMES.	NOMBRES.	
f.	n.	c.	f.	n.	c.	f.	n.	c.
1	2	20	45	99	»	89	195	80
2	4	40	46	101	20	90	198	»
3	6	60	47	103	40	91	200	20
4	8	80	48	105	60	92	202	40
5	11	»	49	107	80	93	204	60
6	13	20	50	110	»	94	206	80
7	15	40	51	112	20	95	209	»
8	17	60	52	114	40	96	211	20
9	19	80	53	116	60	97	213	40
10	22	»	54	118	80	98	215	60
11	24	20	55	121	»	99	217	80
12	26	40	56	123	20	100	220	»
13	28	60	57	125	40	200	440	»
14	30	80	58	127	60	300	660	»
15	33	»	59	129	80	400	880	»
16	35	20	60	132	»	500	1,100	»
17	37	40	61	134	20	600	1,320	»
18	39	60	62	136	40	700	1,540	»
19	41	80	63	138	60	800	1,760	»
20	44	»	64	140	80	900	1,980	»
21	46	20	65	143	»	1,000	2,200	»
22	48	40	66	145	20	2,000	4,400	»
23	50	60	67	147	40	3,000	6,600	»
24	52	80	68	149	60	4,000	8,800	»
25	55	»	69	151	80	5,000	11,000	»
26	57	20	70	154	»	6,000	13,200	»
27	59	40	71	156	20	7,000	15,400	»
28	61	60	72	158	40	8,000	17,600	»
29	63	80	73	160	60	9,000	19,800	»
30	66	»	74	162	80	10,000	22,000	»
31	68	20	75	165	»			
32	70	40	76	167	20			
33	72	60	77	169	40			
34	74	80	78	171	60			
35	77	»	79	173	80			
36	79	20	80	176	»			
37	81	40	81	178	20			
38	83	60	82	180	40			
39	85	80	83	182	60			
40	88	»	84	184	80			
41	90	20	85	187	»			
42	92	40	86	189	20			
43	94	60	87	191	40			
44	96	80	88	193	60			

5 Juin.   209 jours.

SOMMES.	NOMBRES.		SOMMES.	NOMBRES.		SOMMES.	NOMBRES.	
f.	n.	c.	f.	n.	c.	f.	n.	c.
1	2	09	45	94	05	89	186	01
2	4	18	46	96	14	90	188	10
3	6	27	47	98	23	91	190	19
4	8	36	48	100	32	92	192	28
5	10	45	49	102	41	93	194	37
6	12	54	50	104	50	94	196	46
7	14	63	51	106	59	95	198	55
8	16	72	52	108	68	96	200	64
9	18	81	53	110	77	97	202	73
10	20	90	54	112	86	98	204	82
11	22	99	55	114	95	99	206	91
12	25	08	56	117	04	100	209	»
13	27	17	57	119	13	200	418	»
14	29	26	58	121	22	300	627	»
15	31	35	59	123	31	400	836	»
16	33	44	60	125	40	500	1,045	»
17	35	53	61	127	49	600	1,254	»
18	37	62	62	129	58	700	1,463	»
19	39	71	63	131	67	800	1,672	»
20	41	80	64	133	76	900	1,881	»
21	43	89	65	135	85	1,000	2,090	»
22	45	98	66	137	94	2,000	4,180	»
23	48	07	67	140	03	3,000	6,270	»
24	50	16	68	142	12	4,000	8,360	»
25	52	25	69	144	21	5,000	10,450	»
26	54	34	70	146	30	6,000	12,540	»
27	56	43	71	148	39	7,000	14,630	»
28	58	52	72	150	48	8,000	16,720	»
29	60	61	73	152	57	9,000	18,810	»
30	62	70	74	154	66	10,000	20,900	»
31	64	79	75	156	75			
32	66	88	76	158	84			
33	68	97	77	160	93			
34	71	06	78	163	02			
35	73	15	79	165	11			
36	75	24	80	167	20			
37	77	33	81	169	29			
38	79	42	82	171	38			
39	81	51	83	173	47			
40	83	60	84	175	56			
41	85	69	85	177	65			
42	87	78	86	179	74			
43	89	87	87	181	83			
44	91	96	88	183	92			

15 JUIN.   199 Jours.

SOMMES.	NOMBRES.		SOMMES.	NOMBRES.		SOMMES.	NOMBRES.	
f.	n.	c.	f.	n.	c.	f.	n.	c.
1	1	99	45	89	55	89	177	11
2	3	98	46	91	54	90	179	10
3	5	97	47	93	53	91	181	09
4	7	96	48	95	52	92	183	08
5	9	95	49	97	51	93	185	07
6	11	94	50	99	50	94	187	06
7	13	93	51	101	49	95	189	05
8	15	92	52	103	48	96	191	04
9	17	91	53	105	47	97	193	03
10	19	90	54	107	46	98	195	02
11	21	89	55	109	45	99	197	01
12	23	88	56	111	44	100	199	»
13	25	87	57	113	43	200	398	»
14	27	86	58	115	42	300	597	»
15	29	85	59	117	41	400	796	»
16	31	84	60	119	40	500	995	»
17	33	83	61	121	39	600	1,194	»
18	35	82	62	123	38	700	1,393	»
19	37	81	63	125	37	800	1,592	»
20	39	80	64	127	36	900	1,791	»
21	41	79	65	129	35	1,000	1,990	»
22	43	78	66	131	34	2,000	3,980	»
23	45	77	67	133	33	3,000	5,970	»
24	47	76	68	135	32	4,000	7,960	»
25	49	75	69	137	31	5,000	9,950	»
26	51	74	70	139	30	6,000	11,940	»
27	53	73	71	141	29	7,000	13,930	»
28	55	72	72	143	28	8,000	15,920	»
29	57	71	73	145	27	9,000	17,910	»
30	59	70	74	147	26	10,000	19,900	»
31	61	69	75	149	25			
32	63	68	76	151	24			
33	65	67	77	153	23			
34	67	66	78	155	22			
35	69	65	79	157	21			
36	71	64	80	159	20			
37	73	63	81	161	19			
38	75	62	82	163	18			
39	77	61	83	165	17			
40	79	60	84	167	16			
41	81	59	85	169	15			
42	83	58	86	171	14			
43	85	57	87	173	13			
44	87	56	88	175	12			

25 Juin.   189 Jours.

SOMMES.	NOMBRES.		SOMMES.	NOMBRES.		SOMMES.	NOMBRES.	
f.	n.	c.	f.	n.	c.	f.	n.	c.
1	1	89	45	85	05	89	168	21
2	3	78	46	86	94	90	170	10
3	5	67	47	88	83	91	171	99
4	7	56	48	90	72	92	173	88
5	9	45	49	92	61	93	175	77
6	11	34	50	94	50	94	177	66
7	13	23	51	96	39	95	179	55
8	15	12	52	98	28	96	181	44
9	17	01	53	100	17	97	183	33
10	18	90	54	102	06	98	185	22
11	20	79	55	103	95	99	187	11
12	22	68	56	105	84	100	189	»
13	24	57	57	107	73	200	378	»
14	26	46	58	109	62	300	567	»
15	28	35	59	111	51	400	756	»
16	30	24	60	113	40	500	945	»
17	32	13	61	115	29	600	1,134	»
18	34	02	62	117	18	700	1,323	»
19	35	91	63	119	07	800	1,512	»
20	37	80	64	120	96	900	1,701	»
21	39	69	65	122	85	1,000	1,890	»
22	41	58	66	124	74	2,000	3,780	»
23	43	47	67	126	63	3,000	5,670	»
24	45	36	68	128	52	4,000	7,560	»
25	47	25	69	130	41	5,000	9,450	»
26	49	14	70	132	30	6,000	11,340	»
27	51	03	71	134	19	7,000	13,230	»
28	52	92	72	136	08	8,000	15,120	»
29	54	81	73	137	97	9,000	17,010	»
30	56	70	74	139	86	10,000	18,900	»
31	58	59	75	141	75			
32	60	48	76	143	64			
33	62	37	77	145	53			
34	64	26	78	147	42			
35	66	15	79	149	31			
36	68	04	80	151	20			
37	69	93	81	153	09			
38	71	82	82	154	98			
39	73	71	83	156	87			
40	75	60	84	158	76			
41	77	49	85	160	65			
42	79	38	86	162	54			
43	81	27	87	164	43			
44	83	16	88	166	32			

5 JUILLET. 179 jours.

SOMMES. f.	NOMBRES. n.	c.	SOMMES. f.	NOMBRES. n.	c.	SOMMES. f.	NOMBRES. n.	c.
1	1	79	45	80	55	89	159	31
2	3	58	46	82	34	90	161	10
3	5	37	47	84	13	91	162	89
4	7	16	48	85	92	92	164	68
5	8	95	49	87	71	93	166	47
6	10	74	50	89	50	94	168	26
7	12	53	51	91	29	95	170	05
8	14	32	52	93	08	96	171	84
9	16	11	53	94	87	97	173	63
10	17	90	54	96	66	98	175	42
11	19	69	55	98	45	99	177	21
12	21	48	56	100	24	100	179	»
13	23	27	57	102	03	200	358	»
14	25	06	58	103	82	300	537	»
15	26	85	59	105	61	400	716	»
16	28	64	60	107	40	500	895	»
17	30	43	61	109	19	600	1,074	»
18	32	22	62	110	98	700	1,253	»
19	34	01	63	112	77	800	1,432	»
20	35	80	64	114	56	900	1,611	»
21	37	59	65	116	35	1,000	1,790	»
22	39	38	66	118	14	2,000	3,580	»
23	41	17	67	119	93	3,000	5,370	»
24	42	96	68	121	72	4,000	7,160	»
25	44	75	69	123	51	5,000	8,950	»
26	46	54	70	125	30	6,000	10,740	»
27	48	33	71	127	09	7,000	12,530	»
28	50	12	72	128	88	8,000	14,320	»
29	51	91	73	130	67	9,000	16,110	»
30	53	70	74	132	46	10,000	17,900	»
31	55	49	75	134	25			
32	57	28	76	136	04			
33	59	07	77	137	83			
34	60	86	78	139	62			
35	62	65	79	141	41			
36	64	44	80	143	20			
37	66	23	81	144	99			
38	68	02	82	146	78			
39	69	81	83	148	57			
40	71	60	84	150	36			
41	73	39	85	152	15			
42	75	18	86	153	94			
43	76	97	87	155	75			
44	78	76	88	157	52			

15 Juillet. — 169 jours.

SOMMES. f.	NOMBRES. n.	c.	SOMMES. f.	NOMBRES. n.	c.	SOMMES. f.	NOMBRES. n.	c.
1	1	69	45	76	05	89	150	41
2	3	38	46	77	74	90	152	10
3	5	07	47	79	43	91	153	79
4	6	76	48	81	12	92	155	48
5	8	45	49	82	81	93	157	17
6	10	14	50	84	50	94	158	86
7	11	83	51	86	19	95	160	55
8	13	52	52	87	88	96	162	24
9	15	21	53	89	57	97	163	93
10	16	90	54	91	26	98	165	62
11	18	59	55	92	95	99	167	31
12	20	28	56	94	64	100	169	»
13	21	97	57	96	33	200	338	»
14	23	66	58	98	02	300	507	»
15	25	35	59	99	71	400	676	»
16	27	04	60	101	40	500	845	»
17	28	73	61	103	09	600	1,014	»
18	30	42	62	104	78	700	1,183	»
19	32	11	63	106	47	800	1,352	»
20	33	80	64	108	16	900	1,521	»
21	35	49	65	109	85	1,000	1,690	»
22	37	18	66	111	54	2,000	3,380	»
23	38	87	67	113	23	3,000	5,070	»
24	40	56	68	114	92	4,000	6,760	»
25	42	25	69	116	61	5,000	8,450	»
26	43	94	70	118	30	6,000	10,140	»
27	45	63	71	119	99	7,000	11,830	»
28	47	32	72	121	68	8,000	13,520	»
29	49	01	73	123	37	9,000	15,210	»
30	50	70	74	125	06	10,000	16,900	»
31	52	39	75	126	75			
32	54	08	76	128	44			
33	55	77	77	130	13			
34	57	46	78	131	82			
35	59	15	79	133	51			
36	60	84	80	135	20			
37	62	53	81	136	89			
38	64	22	82	138	58			
39	65	91	83	140	27			
40	67	60	84	141	96			
41	69	29	85	143	65			
42	70	98	86	145	34			
43	72	67	87	147	03			
44	74	36	88	148	72			

25 JUILLET.   159 jours.

SOMMES.	NOMBRES.		SOMMES.	NOMBRES.		SOMMES.	NOMBRES.	
f.	n.	c.	f.	n.	c.	f.	n.	c.
1	1	59	45	71	55	89	141	51
2	3	18	46	73	14	90	143	10
3	4	77	47	74	73	91	144	69
4	6	36	48	76	32	92	146	28
5	7	95	49	77	91	93	147	87
6	9	54	50	79	50	94	149	46
7	11	13	51	81	09	95	151	05
8	12	72	52	82	68	96	152	64
9	14	31	53	84	27	97	154	23
10	15	90	54	85	86	98	155	82
11	17	49	55	87	45	99	157	41
12	19	08	56	89	04	100	159	»
13	20	67	57	90	63	200	318	»
14	22	26	58	92	22	300	477	»
15	23	85	59	93	81	400	636	»
16	25	44	60	95	40	500	795	»
17	27	03	61	96	99	600	954	»
18	28	62	62	98	58	700	1,113	»
19	30	21	63	100	17	800	1,272	»
20	31	80	64	101	76	900	1,431	»
21	33	39	65	103	35	1,000	1,590	»
22	34	98	66	104	94	2,000	3,180	»
23	36	57	67	106	53	3,000	4,770	»
24	38	16	68	108	12	4,000	6,360	»
25	39	75	69	109	71	5,000	7,950	»
26	41	34	70	111	30	6,000	9,540	»
27	42	93	71	112	89	7,000	11,130	»
28	44	52	72	114	48	8,000	12,720	»
29	46	11	73	116	07	9,000	14,310	»
30	47	70	74	117	66	10,000	15,900	»
31	49	29	75	119	25			
32	50	88	76	120	84			
33	52	47	77	122	43			
34	54	06	78	124	02			
35	55	65	79	125	61			
36	57	24	80	127	20			
37	58	83	81	128	79			
38	60	42	82	130	38			
39	62	01	83	131	97			
40	63	60	84	133	56			
41	65	19	85	135	15			
42	66	78	86	136	74			
43	68	37	87	138	33			
44	69	96	88	139	92			

5 Août.   148 jours.

SOMMES.	NOMBRES.		SOMMES.	NOMBRES.		SOMMES.	NOMBRES.	
f.	n.	c.	f.	n.	c.	f.	n.	c.
1	1	48	45	66	60	89	131	72
2	2	96	46	68	08	90	133	20
3	4	44	47	69	56	91	134	68
4	5	92	48	71	04	92	136	16
5	7	40	49	72	52	93	137	64
6	8	88	50	74	»	94	139	12
7	10	36	51	75	48	95	140	60
8	11	84	52	76	96	96	142	08
9	13	32	53	78	44	97	143	56
10	14	80	54	79	92	98	145	04
11	16	28	55	81	40	99	146	52
12	17	76	56	82	88	100	148	»
13	19	24	57	84	36	200	296	»
14	20	72	58	85	84	300	444	»
15	22	20	59	87	32	400	592	»
16	23	68	60	88	80	500	740	»
17	25	16	61	90	28	600	888	»
18	26	64	62	91	76	700	1,036	»
19	28	12	63	93	24	800	1,184	»
20	29	60	64	94	72	900	1,332	»
21	31	08	65	96	20	1,000	1,480	»
22	32	56	66	97	68	2,000	2,960	»
23	34	04	67	99	16	3,000	4,440	»
24	35	52	68	100	64	4,000	5,920	»
25	37	»	69	102	12	5,000	7,400	»
26	38	48	70	103	60	6,000	8,880	»
27	39	96	71	105	08	7,000	10,360	»
28	41	44	72	106	56	8,000	11,840	»
29	42	92	73	108	04	9,000	13,320	»
30	44	40	74	109	52	10,000	14,800	»
31	45	88	75	111	»			
32	47	36	76	112	48			
33	48	84	77	113	96			
34	50	32	78	115	44			
35	51	80	79	116	92			
36	53	28	80	118	40			
37	54	76	81	119	88			
38	56	24	82	121	36			
39	57	72	83	122	84			
40	59	20	84	124	32			
41	60	68	85	125	80			
42	62	16	86	127	28			
43	63	64	87	128	76			
44	65	12	88	130	24			

15 Août.   138 jours.

SOMMES. f.	NOMBRES. n.	c.	SOMMES. f.	NOMBRES. n.	c.	SOMMES. f.	NOMBRES. n.	c.
1	1	38	45	62	10	89	122	82
2	2	76	46	63	48	90	124	20
3	4	14	47	64	86	91	125	58
4	5	52	48	66	24	92	126	96
5	6	90	49	67	62	93	128	34
6	8	28	50	69	»	94	129	72
7	9	66	51	70	38	95	131	10
8	11	04	52	71	76	96	132	48
9	12	42	53	73	14	97	133	86
10	13	80	54	74	52	98	135	24
11	15	18	55	75	90	99	136	62
12	16	56	56	77	28	100	138	»
13	17	94	57	78	66	200	276	»
14	19	32	58	80	04	300	414	»
15	20	70	59	81	42	400	552	»
16	22	08	60	82	80	500	690	»
17	23	46	61	84	18	600	828	»
18	24	84	62	85	56	700	966	»
19	26	22	63	86	94	800	1,104	»
20	27	60	64	88	32	900	1,242	»
21	28	98	65	89	70	1,000	1,380	»
22	30	36	66	91	08	2,000	2,760	»
23	31	74	67	92	46	3,000	4,140	»
24	33	12	68	93	84	4,000	5,520	»
25	34	50	69	95	22	5,000	6,900	»
26	35	88	70	96	60	6,000	8,280	»
27	37	26	71	97	98	7,000	9,660	»
28	38	64	72	99	36	8,000	11,040	»
29	40	02	73	100	74	9,000	12,420	»
30	41	40	74	102	12	10,000	13,800	»
31	42	78	75	103	50			
32	44	16	76	104	88			
33	45	54	77	106	26			
34	46	92	78	107	64			
35	48	30	79	109	02			
36	49	68	80	110	40			
37	51	06	81	111	78			
38	52	44	82	113	16			
39	53	82	83	114	54			
40	55	20	84	115	92			
41	56	58	85	117	30			
42	57	96	86	118	68			
43	59	34	87	120	06			
44	60	72	88	121	44			

25 Août. 128 jours.

SOMMES.	NOMBRES.		SOMMES.	NOMBRES.		SOMMES.	NOMBRES.	
f.	n.	c.	f.	n.	c.	f.	n.	c.
1	1	28	45	57	60	89	113	92
2	2	56	46	58	88	90	115	20
3	3	84	47	60	16	91	116	48
4	5	12	48	61	44	92	117	76
5	6	40	49	62	72	93	119	04
6	7	68	50	64	»	94	120	32
7	8	96	51	65	28	95	121	60
8	10	24	52	66	56	96	122	88
9	11	52	53	67	84	97	124	16
10	12	80	54	69	12	98	125	44
11	14	08	55	70	40	99	126	72
12	15	36	56	71	68	100	128	»
13	16	64	57	72	96	200	256	»
14	17	92	58	74	24	300	384	»
15	19	20	59	75	52	400	512	»
16	20	48	60	76	80	500	640	»
17	21	76	61	78	08	600	768	»
18	23	04	62	79	36	700	896	»
19	24	32	63	80	64	800	1,024	»
20	25	60	64	81	92	900	1,152	»
21	26	88	65	83	20	1,000	1,280	»
22	28	16	66	84	48	2,000	2,560	»
23	29	44	67	85	76	3,000	3,840	»
24	30	72	68	87	04	4,000	5,120	»
25	32	»	69	88	32	5,000	6,400	»
26	33	28	70	89	60	6,000	7,680	»
27	34	56	71	90	88	7,000	8,960	»
28	35	84	72	92	16	8,000	10,240	»
29	37	12	73	93	44	9,000	11,520	»
30	38	40	74	94	72	10,000	12,800	»
31	39	68	75	96	»			
32	40	96	76	97	28			
33	42	24	77	98	56			
34	43	52	78	99	84			
35	44	80	79	101	12			
36	46	08	80	102	40			
37	47	36	81	103	68			
38	48	64	82	104	96			
39	49	92	83	106	24			
40	51	20	84	107	52			
41	52	48	85	108	80			
42	53	76	86	110	08			
43	55	04	87	111	36			
44	56	32	88	112	64			

5 SEPTEMBRE.   117 Jours.

SOMMES.	NOMBRES.		SOMMES.	NOMBRES.		SOMMES.	NOMBRES.	
f.	n.	c.	f.	n.	c.	f.	n.	c.
1	1	17	45	52	65	89	104	13
2	2	34	46	53	82	90	105	30
3	3	51	47	54	99	91	106	47
4	4	68	48	56	16	92	107	64
5	5	85	49	57	33	93	108	81
6	7	02	50	58	50	94	109	98
7	8	19	51	59	67	95	111	15
8	9	36	52	60	84	96	112	32
9	10	53	53	62	01	97	113	49
10	11	70	54	63	18	98	114	66
11	12	87	55	64	35	99	115	83
12	14	04	56	65	52	100	117	»
13	15	21	57	66	69	200	234	»
14	16	38	58	67	86	300	351	»
15	17	55	59	69	03	400	468	»
16	18	72	60	70	20	500	585	»
17	19	89	61	71	37	600	702	»
18	21	06	62	72	54	700	819	»
19	22	23	63	73	71	800	936	»
20	23	40	64	74	88	900	1,053	»
21	24	57	65	76	05	1,000	1,170	»
22	25	74	66	77	22	2,000	2,340	»
23	26	91	67	78	39	3,000	3,510	»
24	28	08	68	79	56	4,000	4,680	»
25	29	25	69	80	73	5,000	5,850	»
26	30	42	70	81	90	6,000	7,020	»
27	31	59	71	83	07	7,000	8,190	»
28	32	76	72	84	24	8,000	9,360	»
29	33	93	73	85	41	9,000	10,530	»
30	35	10	74	86	58	10,000	11,700	»
31	36	27	75	87	75			
32	37	44	76	88	92			
33	38	61	77	90	09			
34	39	78	78	91	26			
35	40	95	79	92	43			
36	42	12	80	93	60			
37	43	29	81	94	77			
38	44	46	82	95	94			
39	45	63	83	97	11			
40	46	80	84	98	28			
41	47	97	85	99	45			
42	49	14	86	100	62			
43	50	31	87	101	79			
44	51	48	88	102	96			

15 Septembre. 107 Jours.

SOMMES. f.	NOMBRES. n.	c.	SOMMES. f.	NOMBRES. n.	c.	SOMMES. f.	NOMBRES. n.	c.
1	1	07	45	48	15	89	95	23
2	2	14	46	49	22	90	96	30
3	3	21	47	50	29	91	97	37
4	4	28	48	51	36	92	98	44
5	5	35	49	52	43	93	99	51
6	6	42	50	53	50	94	100	58
7	7	49	51	54	57	95	101	65
8	8	56	52	55	64	96	102	72
9	9	63	53	56	71	97	103	79
10	10	70	54	57	78	98	104	86
11	11	77	55	58	85	99	105	93
12	12	84	56	59	92	100	107	»
13	13	91	57	60	99	200	214	»
14	14	98	58	62	06	300	321	»
15	16	05	59	63	13	400	428	»
16	17	12	60	64	20	500	535	»
17	18	19	61	65	27	600	642	»
18	19	26	62	66	34	700	749	»
19	20	33	63	67	41	800	856	»
20	21	40	64	68	48	900	963	»
21	22	47	65	69	55	1,000	1,070	»
22	23	54	66	70	62	2,000	2,140	»
23	24	61	67	71	69	3,000	3,210	»
24	25	68	68	72	76	4,000	4,280	»
25	26	75	69	73	83	5,000	5,350	»
26	27	82	70	74	90	6,000	6,420	»
27	28	89	71	75	97	7,000	7,490	»
28	29	96	72	77	04	8,000	8,560	»
29	31	03	73	78	11	9,000	9,630	»
30	32	10	74	79	18	10,000	10,700	»
31	33	17	75	80	25			
32	34	24	76	81	32			
33	35	31	77	82	39			
34	36	38	78	83	46			
35	37	45	79	84	53			
36	38	52	80	85	60			
37	39	59	81	86	67			
38	40	66	82	87	74			
39	41	73	83	88	81			
40	42	80	84	89	88			
41	43	87	85	90	95			
42	44	94	86	92	02			
43	46	01	87	93	09			
44	47	08	88	94	16			

25 Septembre. — 97 jours.

SOMMES.	NOMBRES.		SOMMES.	NOMBRES.		SOMMES.	NOMBRES.	
f.	n.	c.	f.	n.	c.	f.	n.	c.
1	»	97	45	43	65	89	86	33
2	1	94	46	44	62	90	87	30
3	2	91	47	45	59	91	88	27
4	3	88	48	46	56	92	89	24
5	4	85	49	47	53	93	90	21
6	5	82	50	48	50	94	91	18
7	6	79	51	49	47	95	92	15
8	7	76	52	50	44	96	93	12
9	8	73	53	51	41	97	94	09
10	9	70	54	52	38	98	95	06
11	10	67	55	53	35	99	96	03
12	11	64	56	54	32	100	97	»
13	12	61	57	55	29	200	194	»
14	13	58	58	56	26	300	291	»
15	14	55	59	57	23	400	388	»
16	15	52	60	58	20	500	485	»
17	16	49	61	59	17	600	582	»
18	17	46	62	60	14	700	679	»
19	18	43	63	61	11	800	776	»
20	19	40	64	62	08	900	873	»
21	20	37	65	63	05	1,000	970	»
22	21	34	66	64	02	2,000	1,940	»
23	22	31	67	64	99	3,000	2,910	»
24	23	28	68	65	96	4,000	3,880	»
25	24	25	69	66	93	5,000	4,850	»
26	25	22	70	67	90	6,000	5,820	»
27	26	19	71	68	87	7,000	6,790	»
28	27	16	72	69	84	8,000	7,760	»
29	28	13	73	70	81	9,000	8,730	»
30	29	10	74	71	78	10,000	9,700	»
31	30	07	75	72	75			
32	31	04	76	73	72			
33	32	01	77	74	69			
34	32	98	78	75	66			
35	33	95	79	76	63			
36	34	92	80	77	60			
37	35	89	81	78	57			
38	36	86	82	79	54			
39	37	83	83	80	51			
40	38	80	84	81	48			
41	39	77	85	82	45			
42	40	74	86	83	42			
43	41	71	87	84	39			
44	42	68	88	85	36			

5 OCTOBRE.   87 jours.

SOMMES. f.	NOMBRES. n.	c.	SOMMES. f.	NOMBRES. n.	c.	SOMMES. f.	NOMBRES. n.	c.
1	»	87	45	39	15	89	77	43
2	1	74	46	40	02	90	78	30
3	2	61	47	40	89	91	79	17
4	3	48	48	41	76	92	80	04
5	4	35	49	42	63	93	80	91
6	5	22	50	43	50	94	81	78
7	6	09	51	44	37	95	82	65
8	6	96	52	45	24	96	83	52
9	7	83	53	46	11	97	84	39
10	8	70	54	46	98	98	85	26
11	9	57	55	47	85	99	86	13
12	10	44	56	48	72	100	87	»
13	11	31	57	49	59	200	174	»
14	12	18	58	50	46	300	261	»
15	13	05	59	51	33	400	348	»
16	13	92	60	52	20	500	435	»
17	14	79	61	53	07	600	522	»
18	15	66	62	53	94	700	609	»
19	16	53	63	54	81	800	696	»
20	17	40	64	55	68	900	783	»
21	18	27	65	56	55	1,000	870	»
22	19	14	66	57	42	2,000	1,740	»
23	20	01	67	58	29	3,000	2,610	»
24	20	88	68	59	16	4,000	3,480	»
25	21	75	69	60	03	5,000	4,350	»
26	22	62	70	60	90	6,000	5,220	»
27	23	49	71	61	77	7,000	6,090	»
28	24	36	72	62	64	8,000	6,960	»
29	25	23	73	63	51	9,000	7,830	»
30	26	10	74	64	38	10,000	8,700	»
31	26	97	75	65	25			
32	27	84	76	66	12			
33	28	71	77	66	99			
34	29	58	78	67	86			
35	30	45	79	68	73			
36	31	32	80	69	60			
37	32	19	81	70	47			
38	33	06	82	71	34			
39	33	93	83	72	21			
40	34	80	84	73	08			
41	35	67	85	73	95			
42	36	54	86	74	82			
43	37	41	87	75	69			
44	38	28	88	76	56			

15 Octobre. 77 jours.

SOMMES.	NOMBRES.		SOMMES.	NOMBRES.		SOMMES.	NOMBRES.	
f.	n.	c.	f.	n.	c.	f.	n.	c.
1	»	77	45	34	65	89	68	53
2	1	54	46	35	42	90	69	30
3	2	31	47	36	19	91	70	07
4	3	08	48	36	96	92	70	84
5	3	85	49	37	73	93	71	61
6	4	62	50	38	50	94	72	38
7	5	39	51	39	27	95	73	15
8	6	16	52	40	04	96	73	92
9	6	93	53	40	81	97	74	69
10	7	70	54	41	58	98	75	46
11	8	47	55	42	35	99	76	23
12	9	24	56	43	12	100	77	»
13	10	01	57	43	89	200	154	»
14	10	78	58	44	66	300	231	»
15	11	55	59	45	43	400	308	»
16	12	32	60	46	20	500	385	»
17	13	09	61	46	97	600	462	»
18	13	86	62	47	74	700	539	»
19	14	63	63	48	51	800	616	»
20	15	40	64	49	28	900	693	»
21	16	17	65	50	05	1,000	770	»
22	16	94	66	50	82	2,000	1,540	»
23	17	71	67	51	59	3,000	2,310	»
24	18	48	68	52	36	4,000	3,080	»
25	19	25	69	53	13	5,000	3,850	»
26	20	02	70	53	90	6,000	4,620	»
27	20	79	71	54	67	7,000	5,390	»
28	21	56	72	55	44	8,000	6,160	»
29	22	33	73	56	21	9,000	6,930	»
30	23	10	74	56	98	10,000	7,700	»
31	23	87	75	57	75			
32	24	64	76	58	52			
33	25	41	77	59	29			
34	26	18	78	60	06			
35	26	95	79	60	83			
36	27	72	80	61	60			
37	28	49	81	62	37			
38	29	26	82	63	14			
39	30	03	83	63	91			
40	30	80	84	64	68			
41	31	57	85	65	45			
42	32	34	86	66	22			
43	33	11	87	66	99			
44	33	88	88	67	76			

25. OCTOBRE.   67 jours.

SOMMES.	NOMBRES.	
f.	n.	c.
1	«	67
2	1	34
3	2	01
4	2	68
5	3	35
6	4	02
7	4	69
8	5	36
9	6	03
10	6	70
11	7	37
12	8	04
13	8	71
14	9	38
15	10	05
16	10	72
17	11	39
18	12	06
19	12	73
20	13	40
21	14	07
22	14	74
23	15	41
24	16	08
25	16	75
26	17	42
27	18	09
28	18	76
29	19	43
30	20	10
31	20	77
32	21	44
33	22	11
34	22	78
35	23	45
36	24	12
37	24	79
38	25	46
39	26	13
40	26	80
41	27	47
42	28	14
43	28	81
44	29	48

SOMMES.	NOMBRES.	
f.	n.	c.
45	30	15
46	30	82
47	31	49
48	32	16
49	32	83
50	33	50
51	34	17
52	34	84
53	35	51
54	36	18
55	36	85
56	37	52
57	38	19
58	38	86
59	39	53
60	40	20
61	40	87
62	41	54
63	42	21
64	42	88
65	43	55
66	44	22
67	44	89
68	45	56
69	46	23
70	46	90
71	47	57
72	48	24
73	48	91
74	49	58
75	50	25
76	50	92
77	51	59
78	52	26
79	52	93
80	53	60
81	54	27
82	54	94
83	55	61
84	56	28
85	56	95
86	57	62
87	58	29
88	58	96

SOMMES.	NOMBRES.	
f.	n.	c.
89	59	63
90	60	30
91	60	97
92	61	64
93	62	31
94	62	98
95	63	65
96	64	32
97	64	99
98	65	66
99	66	33
100	67	»
200	134	»
300	201	»
400	268	»
500	335	»
600	402	»
700	469	»
800	536	»
900	603	»
1,000	670	»
2,000	1,340	»
3,000	2,010	»
4,000	2,680	»
5,000	3,350	»
6,000	4,020	»
7,000	4,690	»
8,000	5,360	»
9,000	6,030	»
10,000	6,700	»

5 NOVEMBRE.   56 jours.

SOMMES.	NOMBRES.		SOMMES.	NOMBRES.		SOMMES.	NOMBRES.	
f.	n.	c.	f.	n.	c.	f.	n.	c.
1	»	56	45	25	20	89	49	84
2	1	12	46	25	76	90	50	40
3	1	68	47	26	32	91	50	96
4	2	24	48	26	88	92	51	52
5	2	80	49	27	44	93	52	08
6	3	36	50	28	»	94	52	64
7	3	92	51	28	56	95	53	20
8	4	48	52	29	12	96	53	76
9	5	04	53	29	68	97	54	32
10	5	60	54	30	24	98	54	88
11	6	16	55	30	80	99	55	44
12	6	72	56	31	36	100	56	»
13	7	28	57	31	92	200	112	»
14	7	84	58	32	48	300	168	»
15	8	40	59	33	04	400	224	»
16	8	96	60	33	60	500	280	»
17	9	52	61	34	16	600	336	»
18	10	08	62	34	72	700	392	»
19	10	64	63	35	28	800	448	»
20	11	20	64	35	84	900	504	»
21	11	76	65	36	40	1,000	560	»
22	12	32	66	36	96	2,000	1,120	»
23	12	88	67	37	52	3,000	1,680	»
24	13	44	68	38	08	4,000	2,240	»
25	14	»	69	38	64	5,000	2,800	»
26	14	56	70	39	20	6,000	3,360	»
27	15	12	71	39	76	7,000	3,920	»
28	15	68	72	40	32	8,000	4,480	»
29	16	24	73	40	88	9,000	5,040	»
30	16	80	74	41	44	10,000	5,600	»
31	17	36	75	42	»			
32	17	92	76	42	56			
33	18	48	77	43	12			
34	19	04	78	43	68			
35	19	60	79	44	24			
36	20	16	80	44	80			
37	20	72	81	45	36			
38	21	28	82	45	92			
39	21	84	83	46	48			
40	22	40	84	47	04			
41	22	96	85	47	60			
42	23	52	86	48	16			
43	24	08	87	48	72			
44	24	64	88	49	28			

15 Novembre.　　　　46 jours.

SOMMES.	NOMBRES.		SOMMES.	NOMBRES.		SOMMES.	NOMBRES.	
f.	n.	c.	f.	n.	c.	f.	n.	c.
1	»	46	45	20	70	89	40	94
2	»	92	46	21	16	90	41	40
3	1	38	47	21	62	91	41	86
4	1	84	48	22	08	92	42	32
5	2	30	49	22	54	93	42	78
6	2	76	50	23	»	94	43	24
7	3	22	51	23	46	95	43	70
8	3	68	52	23	92	96	44	16
9	4	14	53	24	38	97	44	62
10	4	60	54	24	84	98	45	08
11	5	06	55	25	30	99	45	54
12	5	52	56	25	76	100	46	»
13	5	98	57	26	22	200	92	»
14	6	44	58	26	68	300	138	»
15	6	90	59	27	14	400	184	»
16	7	36	60	27	60	500	230	»
17	7	82	61	28	06	600	276	»
18	8	28	62	28	52	700	322	»
19	8	74	63	28	98	800	368	»
20	9	20	64	29	44	900	414	»
21	9	66	65	29	90	1,000	460	»
22	10	12	66	30	36	2,000	920	»
23	10	58	67	30	82	3,000	1,380	»
24	11	04	68	31	28	4,000	1,840	»
25	11	50	69	31	74	5,000	2,300	»
26	11	96	70	32	20	6,000	2,760	»
27	12	42	71	32	66	7,000	3,220	»
28	12	88	72	33	12	8,000	3,680	»
29	13	34	73	33	58	9,000	4,140	»
30	13	80	74	34	04	10,000	4,600	»
31	14	26	75	34	50			
32	14	72	76	34	96			
33	15	18	77	35	42			
34	15	64	78	35	88			
35	16	10	79	36	34			
36	16	56	80	36	80			
37	17	02	81	37	26			
38	17	48	82	37	72			
39	17	94	83	38	18			
40	18	40	84	38	64			
41	18	86	85	39	10			
42	19	32	86	39	56			
43	19	78	87	40	02			
44	20	24	88	40	48			

25 NOVEMBRE.   36 jours.

SOMMES.	NOMBRES.		SOMMES.	NOMBRES.		SOMMES.	NOMBRES.	
f.	n.	c.	f.	n.	c.	f.	n.	c.
1	»	36	45	16	20	89	32	04
2	»	72	46	16	56	90	32	40
3	1	08	47	16	92	91	32	76
4	1	44	48	17	28	92	33	12
5	1	80	49	17	64	93	33	48
6	2	16	50	18	»	94	33	84
7	2	52	51	18	36	95	34	20
8	2	88	52	18	72	96	34	56
9	3	24	53	19	08	97	34	92
10	3	60	54	19	44	98	35	28
11	3	96	55	19	80	99	35	64
12	4	32	56	20	16	100	36	»
13	4	68	57	20	52	200	72	»
14	5	04	58	20	88	300	108	»
15	5	40	59	21	24	400	144	»
16	5	76	60	21	60	500	180	»
17	6	12	61	21	96	600	216	»
18	6	48	62	22	32	700	252	»
19	6	84	63	22	68	800	288	»
20	7	20	64	23	04	900	324	»
21	7	56	65	23	40	1,000	360	»
22	7	92	66	23	76	2,000	720	»
23	8	28	67	24	12	3,000	1,080	»
24	8	64	68	24	48	4,000	1,440	»
25	9	»	69	24	84	5,000	1,800	»
26	9	36	70	25	20	6,000	2,160	»
27	9	72	71	25	56	7,000	2,520	»
28	10	08	72	25	92	8,000	2,880	»
29	10	44	73	26	28	9,000	3,240	»
30	10	80	74	26	64	10,000	3,600	»
31	11	16	75	27	»			
32	11	52	76	27	36			
33	11	88	77	27	72			
34	12	24	78	28	08			
35	12	60	79	28	44			
36	12	96	80	28	80			
37	13	32	81	29	16			
38	13	68	82	29	52			
39	14	04	83	29	88			
40	14	40	84	30	24			
41	14	76	85	30	60			
42	15	12	86	30	96			
43	15	48	87	31	32			
44	15	84	88	31	68			

5 DÉCEMBRE.　　26 jours.

SOMMES.	NOMBRES.		SOMMES.	NOMBRES.		SOMMES.	NOMBRES.	
f.	n.	c.	f.	n.	c.	f.	n.	c.
1	»	26	45	11	70	89	23	14
2	»	52	46	11	96	90	23	40
3	»	78	47	12	22	91	23	66
4	1	04	48	12	48	92	23	92
5	1	30	49	12	74	93	24	18
6	1	56	50	13	»	94	24	44
7	1	82	51	13	26	95	24	70
8	2	08	52	13	52	96	24	96
9	2	34	53	13	78	97	25	22
10	2	60	54	14	04	98	25	48
11	2	86	55	14	30	99	25	74
12	3	12	56	14	56	100	26	»
13	3	38	57	14	82	200	52	»
14	3	64	58	15	08	300	78	»
15	3	90	59	15	34	400	104	»
16	4	16	60	15	60	500	130	»
17	4	42	61	15	86	600	156	»
18	4	68	62	16	12	700	182	»
19	4	94	63	16	38	800	208	»
20	5	20	64	16	64	900	234	»
21	5	46	65	16	90	1,000	260	»
22	5	72	66	17	16	2,000	520	»
23	5	98	67	17	42	3,000	780	»
24	6	24	68	17	68	4,000	1,040	»
25	6	50	69	17	94	5,000	1,300	»
26	6	76	70	18	20	6,000	1,560	»
27	7	02	71	18	46	7,000	1,820	»
28	7	28	72	18	72	8,000	2,080	»
29	7	54	73	18	98	9,000	2,340	»
30	7	80	74	19	24	10,000	2,600	»
31	8	06	75	19	50			
32	8	32	76	19	76			
33	8	58	77	20	02			
34	8	84	78	20	28			
35	9	10	79	20	54			
36	9	36	80	20	80			
37	9	62	81	21	06			
38	9	88	82	21	32			
39	10	14	83	21	58			
40	10	40	84	21	84			
41	10	66	85	22	10			
42	10	92	86	22	36			
43	11	18	87	22	62			
44	11	44	88	22	88			

15 Décembre   16 jours.

SOMMES. f.	NOMBRES. n.	c.
1	»	16
2	»	32
3	»	48
4	»	64
5	»	80
6	»	96
7	1	12
8	1	28
9	1	44
10	1	60
11	1	76
12	1	92
13	2	08
14	2	24
15	2	40
16	2	56
17	2	72
18	2	88
19	3	04
20	3	20
21	3	36
22	3	52
23	3	68
24	3	84
25	4	»
26	4	16
27	4	32
28	4	48
29	4	64
30	4	80
31	4	96
32	5	12
33	5	28
34	5	44
35	5	60
36	5	76
37	5	92
38	6	08
39	6	24
40	6	40
41	6	56
42	6	72
43	6	88
44	7	04

SOMMES. f.	NOMBRES. n.	c.
45	7	20
46	7	36
47	7	52
48	7	68
49	7	84
50	8	»
51	8	16
52	8	32
53	8	48
54	8	64
55	8	80
56	8	96
57	9	12
58	9	28
59	9	44
60	9	60
61	9	76
62	9	92
63	10	08
64	10	24
65	10	40
66	10	56
67	10	72
68	10	88
69	11	04
70	11	20
71	11	36
72	11	52
73	11	68
74	11	84
75	12	»
76	12	16
77	12	32
78	12	48
79	12	64
80	12	80
81	12	96
82	13	12
83	13	28
84	13	44
85	13	60
86	13	76
87	13	92
88	14	08

SOMMES. f.	NOMBRES. n.	c.
89	14	24
90	14	40
91	14	56
92	14	72
93	14	88
94	15	04
95	15	20
96	15	36
97	15	52
98	15	68
99	15	84
100	16	»
200	32	»
300	48	»
400	64	»
500	80	»
600	96	»
700	112	»
800	128	»
900	144	»
1,000	160	»
2,000	320	»
3,000	480	»
4,000	640	»
5,000	800	»
6,000	960	»
7,000	1,120	»
8,000	1,280	»
9,000	1,440	»
10,000	1,600	»

25 Décembre.   6 jours.

SOMMES.	NOMBRES.		SOMMES.	NOMBRES.		SOMMES.	NOMBRES.	
f.	n.	c.	f.	n.	c.	f.	n.	c.
1	»	06	45	2	70	89	5	34
2	»	12.	46	2	76	90	5	40
3	»	18	47	2	82	91	5	46
4	»	24	48	2	88	92	5	52
5	»	30	49	2	94	93	5	58
6	»	36	50	3	»	94	5	64
7	»	42	51	3	06	95	5	70
8	»	48	52	3	12	96	5	76
9	»	54	53	3	18	97	5	82
10	»	60	54	3	24	98	5	88
11	»	66	55	3	30	99	5	94
12	»	72	56	3	36	100	6	»
13	»	78	57	3	42	200	12	»
14	»	84	58	3	48	300	18	»
15	»	90	59	3	54	400	24	»
16	»	96	60	3	60	500	30	»
17	1	02	61	3	66	600	36	»
18	1	08	62	3	72	700	42	»
19	1	14	63	3	78	800	48	»
20	1	20	64	3	84	900	54	»
21	1	26	65	3	90	1,000	60	»
22	1	32	66	3	96	2,000	120	»
23	1	38	67	4	02	3,000	180	»
24	1	44	68	4	08	4,000	240	»
25	1	50	69	4	14	5,000	300	»
26	1	56	70	4	20	6,000	360	»
27	1	62	71	4	26	7,000	420	»
28	1	68	72	4	32	8,000	480	»
29	1	74	73	4	38	9,000	540	»
30	1	80	74	4	44	10,000	600	»
31	1	86	75	4	50			
32	1	92	76	4	56			
33	1	98	77	4	62			
34	2	04	78	4	68			
35	2	10	79	4	74			
36	2	16	80	4	80			
37	2	22	81	4	86			
38	2	28	82	4	92			
39	2	34	83	4	98			
40	2	40	84	5	04			
41	2	46	85	5	10			
42	2	52	86	5	16			
43	2	58	87	5	22			
44	2	64	88	5	28			

1 jour.

SOMMES.	NOMBRES.		SOMMES.	NOMBRES.		SOMMES.	NOMBRES.	
f.	n.	fractions de nomb.		n.	fractions de nomb.	f.	n.	fractions de nomb.
1	»	01	44	»	44	87	»	87
2	»	02	45	»	45	88	»	88
3	»	03	46	»	46	89	»	89
4	»	04	47	»	47	90	»	90
5	»	05	48	»	48	91	»	91
6	»	06	49	»	49	92	»	92
7	»	07	50	»	50	93	»	93
8	»	08	51	»	51	94	»	94
9	»	09	52	»	52	95	»	95
10	»	10	53	»	53	96	»	96
11	»	11	54	»	54	97	»	97
12	»	12	55	»	55	98	»	98
13	»	13	56	»	56	99	»	99
14	»	14	57	»	57	100	1	»
15	»	15	58	»	58	200	2	»
16	»	16	59	»	59	300	3	»
17	»	17	60	»	60	400	4	»
18	»	18	61	»	61	500	5	»
19	»	19	62	»	62	600	6	»
20	»	20	63	»	63	700	7	»
21	»	21	64	»	64	800	8	»
22	»	22	65	»	65	900	9	»
23	»	23	66	»	66	1,000	10	»
24	»	24	67	»	67	2,000	20	»
25	»	25	68	»	68	3,000	30	»
26	»	26	69	»	69	4,000	40	»
27	»	27	70	»	70	5,000	50	»
28	»	28	71	»	71	6,000	60	»
29	»	29	72	»	72	7,000	70	»
30	»	30	73	»	73	8,000	80	»
31	»	31	74	»	74	9,000	90	»
32	»	32	75	»	75	10,000	100	»
33	»	33	76	»	76	20,000	200	»
34	»	34	77	»	77			
35	»	35	78	»	78			
36	»	36	79	»	79			
37	»	37	80	»	80			
38	»	38	81	»	81			
39	»	39	82	»	82			
40	»	30	83	»	83			
41	»	41	84	»	84			
42	»	42	85	»	85			
43	»	43	86	»	86			

SECONDE TABLE.

CALCUL

DES INTÉRÊTS,

PRÉSENTANT AU PREMIER COUP-D'OEIL:

1.° Le montant des Intérêts alloués par le Trésor aux Fonds placés, ou l'intérêt à 3 1/2 o/o ;

2.° Celui de la remise accordée aux Receveurs des Finances , ou l'intérêt à 1/2 o/o ;

3.° La réunion de ces deux intérêts , ou l'intérêt à 4 o/o.

Nota. Toutes les fois que l'addition des intérêts à 3 1/2 et 1/2 o/o , ou, en d'autres termes, que l'intérêt à 4 o/o présentera une fraction de centime ne dépassant pas 60/100" de centime, il faudra la négliger.

INTERÊTS à 3 1/2,

NOMBRES.	3 1/2.			1/2.			4.			NOMBRES.	3 1/2.			1/2.			4.		
	f.	c.	100e.	f.	c.	100e.	f.	c.	100e.		f.	c.	100e.	f.	c.	100e.	f.	c.	100e.
1	»	»	96	»	»	14	»	1	10	37	»	35	48	»	5	07	»	40	55
2	»	1	92	»	»	27	»	2	19	38	»	36	44	»	5	21	»	41	65
3	»	2	88	»	»	41	»	3	29	39	»	37	40	»	5	34	»	42	74
4	»	3	84	»	»	55	»	4	39	40	»	38	36	»	5	48	»	43	84
5	»	4	79	»	»	69	»	5	48	41	»	39	32	»	5	62	»	44	94
6	»	5	75	»	»	82	»	6	57	42	»	40	28	»	5	75	»	46	03
7	»	6	71	»	»	96	»	7	67	43	»	41	24	»	5	89	»	47	13
8	»	7	67	»	1	10	»	8	77	44	»	42	20	»	6	03	»	48	23
9	»	8	63	»	1	23	»	9	86	45	»	43	15	»	6	17	»	49	32
10	»	9	59	»	1	37	»	10	96	46	»	44	11	»	6	30	»	50	41
11	»	10	55	»	1	51	»	12	06	47	»	45	07	»	6	44	»	51	51
12	»	11	51	»	1	64	»	13	15	48	»	46	03	»	6	58	»	52	61
13	»	12	47	»	1	78	»	14	25	49	»	46	99	»	6	71	»	53	70
14	»	13	43	»	1	92	»	15	35	50	»	47	95	»	6	85	»	54	80
15	»	14	38	»	2	06	»	16	44	51	»	48	91	»	6	99	»	55	90
16	»	15	34	»	2	19	»	17	53	52	»	49	87	»	7	12	»	56	99
17	»	16	30	»	2	33	»	18	63	53	»	50	83	»	7	26	»	58	09
18	»	17	26	»	2	47	»	19	73	54	»	51	79	»	7	40	»	59	19
19	»	18	22	»	2	60	»	20	82	55	»	52	74	»	7	54	»	60	28
20	»	19	18	»	2	74	»	21	92	56	»	53	70	»	7	67	»	61	37
21	»	20	14	»	2	88	»	23	02	57	»	54	66	»	7	81	»	62	47
22	»	21	10	»	3	01	»	24	11	58	»	55	62	»	7	95	»	63	57
23	»	22	06	»	3	15	»	25	21	59	»	56	58	»	8	08	»	64	66
24	»	23	02	»	3	29	»	26	31	60	»	57	53	»	8	22	»	65	75
25	»	23	97	»	3	43	»	27	40	61	»	58	49	»	8	36	»	66	85
26	»	24	93	»	3	56	»	28	49	62	»	59	45	»	8	49	»	67	94
27	»	25	89	»	3	70	»	29	59	63	»	60	41	»	8	63	»	69	04
28	»	26	85	»	3	84	»	30	69	64	»	61	37	»	8	77	»	70	14
29	»	27	81	»	3	97	»	31	78	65	»	62	32	»	8	91	»	71	23
30	»	28	77	»	4	11	»	32	88	66	»	63	28	»	9	04	»	72	32
31	»	29	73	»	4	25	»	33	98	67	»	64	24	»	9	18	»	73	42
32	»	30	69	»	4	38	»	35	07	68	»	65	20	»	9	32	»	74	52
33	»	31	65	»	4	52	»	36	17	69	»	66	16	»	9	45	»	75	61
34	»	32	61	»	4	66	»	37	27	70	»	67	12	»	9	59	»	76	71
35	»	33	56	»	4	80	»	38	36	71	»	68	08	»	9	73	»	77	81
36	»	34	52	»	4	93	»	39	45	72	»	69	04	»	9	86	»	78	90

à 1/2, et à 4 pour o/o.

NOMBRES.	3 1/2.			1/2.			4.		
	f.	c.	100ᵉ.	f.	c.	100ᵉ.	f.	c.	100ᵉ.
73	»	70	»	»	10	»	»	80	»
74	»	70	96	»	10	14	»	81	10
75	»	71	91	»	10	28	»	82	19
76	»	72	87	»	10	41	»	83	28
77	»	73	83	»	10	53	»	84	38
78	»	74	79	»	10	69	»	85	48
79	»	75	75	»	10	82	»	86	57
80	»	76	71	»	10	96	»	87	67
81	»	77	67	»	11	10	»	88	77
82	»	78	63	»	11	23	»	89	86
83	»	79	59	»	11	37	»	90	96
84	»	80	55	»	11	51	»	92	06
85	»	81	50	»	11	65	»	93	15
86	»	82	46	»	11	78	»	94	24
87	»	83	42	»	11	92	»	95	34
88	»	84	38	»	12	06	»	96	44
89	»	85	34	»	12	19	»	97	53
90	»	86	30	»	12	33	»	98	63
91	»	87	26	»	12	47	»	99	73
92	»	88	22	»	12	60	1	00	82
93	»	89	18	»	12	74	1	01	92
94	»	90	14	»	12	88	1	03	02
95	»	91	09	»	13	02	1	04	11
96	»	92	05	»	13	15	1	05	20
97	»	93	01	»	13	29	1	06	30
98	»	93	97	»	13	43	1	07	40
99	»	94	93	»	13	56	1	08	49
100	»	95	89	»	13	70	1	09	59
200	1	91	78	»	27	40	2	19	18
300	2	87	67	»	41	10	3	28	77
400	3	83	56	»	54	79	4	38	35
500	4	79	45	»	68	49	5	47	94
600	5	75	34	»	82	19	6	57	53
700	6	71	23	»	95	89	7	67	12
800	7	67	12	1	09	59	8	76	71
900	8	63	01	1	23	29	9	86	30

NOMBRES.	3 1/2.			1/2.			4.		
	f.	c.	100ᵉ.	f.	c.	100ᵉ.	f.	c.	100ᵉ.
1,000	9	58	90	1	36	99	10	95	89
2,000	19	17	81	2	73	97	21	91	78
3,000	28	76	71	4	10	96	32	87	67
4,000	38	35	62	5	47	94	43	83	56
5,000	47	94	52	6	84	93	54	79	45
6,000	57	53	42	8	21	92	65	75	34
7,000	67	12	33	9	58	90	76	71	23
8,000	76	71	23	10	95	89	87	67	12
9,000	86	30	14	12	32	87	98	63	01
10,000	95	89	04	13	69	86	109	58	90
20,000	191	78	08	27	39	72	219	17	80
30,000	287	67	12	41	09	58	328	76	70
40,000	383	56	16	54	79	44	438	35	60
50,000	479	45	20	68	49	30	547	94	50
60,000	575	34	24	82	19	16	657	53	40
70,000	671	23	28	95	89	02	767	12	30
80,000	767	12	32	109	58	88	876	71	20
90,000	863	01	36	123	28	74	986	30	10
100,000	958	90	40	136	98	60	1,095	89	»
200,000	1,917	80	80	273	97	20	2,191	78	»
300,000	2,876	71	20	410	95	80	3,287	67	»

9 782014 109849